BEI GRIN MACHT SICH IHR WISSEN BEZAHLT

- Wir veröffentlichen Ihre Hausarbeit,
  Bachelor- und Masterarbeit

- Ihr eigenes eBook und Buch -
  weltweit in allen wichtigen Shops

- Verdienen Sie an jedem Verkauf

Jetzt bei www.GRIN.com hochladen
und kostenlos publizieren

Bibliografische Information der Deutschen Nationalbibliothek:

Die Deutsche Bibliothek verzeichnet diese Publikation in der Deutschen National-
bibliografie; detaillierte bibliografische Daten sind im Internet über http://dnb.d-
nb.de/ abrufbar.

Impressum:

Copyright © 2017 GRIN Verlag
Druck und Bindung: Books on Demand GmbH, Norderstedt Germany
ISBN: 9783668856813

Dieses Buch bei GRIN:

https://www.grin.com/document/453824

Holger Eknem

Kommunale Wirtschaftsförderung und unternehmerische Standortwahl im Standortwettbewerb

GRIN Verlag

Inhaltsverzeichnis

Abbildungsverzeichnis

Tabellenverzeichnis

1 Einleitung

In der globalen Wirtschaft besteht eine Vielzahl von Konkurrenzsituationen: Unternehmen konkurrieren untereinander um Kunden und Arbeitskräfte; Arbeitskräfte konkurrieren mit anderen Arbeitskräften um Arbeitsstellen. Auch Standorte konkurrieren miteinander um die vielversprechendsten Unternehmen. Ebenso bleiben der anhaltende technologische und gesellschaftliche Strukturwandel – zunehmend verbunden mit einer Neubewertung von Standortfaktoren – sowie die fortschreitende Globalisierung für die Standorte nicht ohne Folgen. Eckey (2008: 15) sieht den Standortwettbewerb auf drei Ebenen ausgetragen: *„Zwischen den Unternehmen, die mit ihren Produkten im Wettbewerb der Gütermärkten der Welt stehen. Zwischen Länder und Staaten, die auf internationalen Faktormärkten um die mobilen Produktionsfaktoren Kapital, technisches Wissen und qualifizierte Arbeitskräfte (Humankapital) konkurrieren und zwischen den immobilen Produktionsfaktoren wie den geringer qualifizierten Arbeitskräften, die im Wettbewerb um komplementäre Produktionsfaktoren wie Sachkapital und hoch qualifizierte Arbeitskräfte stehen"*. In diesem stärker werdenden Standortwettbewerb nehmen kommunale Wirtschaftsförderungen im Rahmen ihrer Standortvermarktung und ihres Standortmanagements eine immer bedeutendere Rolle ein (Pongratz & Vogelsang 2016); stellen diese Entwicklungen für die Wirtschaftsförderung vor Ort doch sowohl Risiken als auch Chancen dar. Da Unternehmen sich heutzutage einer Vielzahl an Möglichkeiten bzw. Standorten gegenüber sehen, werden die Abgrenzung sowie die Hervorhebung des eigenen Standortes innerhalb dieses Wettstreites immer wichtiger. Potentielle Standorte und insbesondere ihre kommunalen Wirtschaftsförderungen sollten sich daher detailliert mit den Standortfaktoren, die für Unternehmen bedeutend sind, beschäftigen und diese gezielt lokal stärken um ganzheitlich Wettbewerbsvorteile für den jeweiligen Standort zu generieren. Die Herausforderung besteht gewissermaßen darin, dass die Zahl der Kommunen, die gerne ein attraktives Unternehmen für ihren Standort gewinnen möchten, weitaus größer ist als die Zahl der tatsächlich attraktiven Unternehmen. Zudem treten aufgrund der voranschreitenden Globalisierung auch immer mehr potentielle, globale Wirtschaftsstandorte in eine Konkurrenz- bzw. Wettbewerbsbeziehung.

Aus diesem Grund ist es das Ziel vorliegender Arbeit aufzuzeigen, in welcher Form Zusammenhänge zwischen kommunalen Wirtschaftsförderungen und Standortentscheidungen von Unternehmen bestehen können. Insbesondere die Möglichkeiten der Beeinflussung unternehmerischer Standortentscheidungen durch gezielte Maßnahmen der Wirtschaftsförderung werden betrachtet um somit die konkrete Rolle der (kommunalen) Wirtschaftsförderung darzulegen.

Ausgangspunkt sind hierzu theoretische Ansätze um die Standortwahl von Unternehmen zu erklären, wobei der Fokus vor allem auf den verschiedenen Standortfaktoren liegt. Daran anschließend werden diverse Aspekte der kommunalen Wirtschaftsförderung genauer beleuchtet. Ebenso werden die Standortanforderungen der BMW Group im Standortentscheidungsprozess für den Standort Leipzig-Pleißig vorgestellt.

Zur besseren Untersuchung gliedert sich die Arbeit in vier Kapitel: Nach den einleitenden Worten (1. Kapitel) werden im zweiten Kapitel theoretische Ansätze zur Erklärung der Standortwahl von Unternehmen im Standortwettbewerb vorgestellt. Zudem wird auf den Wirtschaftsstandort (2.1) und die Standortfaktoren (2.2) eingegangen. Im dritten Kapitel wird die Rolle kommunaler Wirtschaftsförderungen im Standortwettbewerb beleuchtet, wobei in Kapitel 3.1 zuerst grundlegend erläutert wird, was unter kommunaler Wirtschaftsförderung zu verstehen ist. Anschießend widmet sich Kapitel 3.2 den Zielen und Strategien im Standortwettbewerb, bevor abschließend die Herausforderungen im Standortwettbewerb (Kapitel 3.3) genannt werden. Daran schließt sich in Kapitel 4 das Beispiel der Standortwahl der BMW Group für den Standort Leipzig-Pleißig an. Hierbei wird gesondert auf die Standortkriterien (Kapitel 4.1) sowie die endgültige Standortwahl (Kapitel 4.2) eingegangen. Zum Schluss folgt in Kapitel 5 eine Zusammenfassung, die eine kritische Beurteilung der Ergebnisse ermöglichen und die Arbeit abschließen.

2 Theoretische Ansätze zur Erklärung der Standortwahl von Unternehmen im Standortwettbewerb

Bevor auf die theoretischen Ansätze zur Erklärung der Standortwahl von Unternehmen im Standortwettbewerb eingegangen wird, soll an dieser Stelle der Begriff ‚Unternehmen' definiert werden um eine Basis für die weiteren Ausführungen zu bilden. In der Literatur wird ein Unternehmen wie folgt definiert: Ein Unternehmen ist *„eine wirtschaftliche Organisation, die in der geplanten Verfolgung eines Unternehmensziels wie z. B. Marktführerschaft, Gewinnsteigerung, Beschäftigungssicherung oder Produktverbesserung eine spezifische Koordination von Forschungs-, Entwicklungs-, Produktions- und Verwaltungstätigkeiten durchführt und auf eine bestimmte Menge von Standorten, Betriebsstätten und Arbeitsplätzen verteilt"* (Bathelt & Glücker 2002: 29). Der Branche und der Unternehmensgröße wird im Rahmen dieser Arbeit indes keine Bedeutung beigemessen.

Da Regionen im Standortwettbewerb mit anderen Regionen konkurrieren, finden diese Themen auch Einzug in die Literatur. Die Standortwahl von Unternehmen wird durch mehrere Faktoren beeinflusst, die sich zum Teil anhand theoretischer Ausführungen erklären lassen, zum Teil aber auch jeglicher Theorie entbehren. Im ersten Teil dieses Kapitels wird sich daher dem Wirtschaftsstandort in seiner definitorischen Eigenheit genähert um daran anschließend im zweiten Teil auf die unterschiedlichen Standortfaktoren einzugehen. Hierdurch wird eine theoretische Basis gelegt, die für den weiteren Verlauf der vorliegenden Arbeit wichtig ist.

2.1 Wirtschaftsstandort

Zentrales Element für die vorliegende Arbeit ist der Begriff Wirtschaftsstandort. Vorweg ist zu sagen, dass es für den Terminus ‚Standort' in der Literatur sehr verschiedene Perspektiven gibt. Während einzelne Arbeiten eine einzelbetriebsbezogene Perspektive einnehmen (u.a. Bienert 1996), betrachten andere Arbeiten den Standort mittels einer überbetrieblichen, eher regionalorientierten Perspektive (u.a. Thierstein 1999).[1]

Nähert man sich dem ‚Standort' auf sprachlicher Ebene, findet man im Duden (2016: 1) für den Begriff zuerst einmal allgemeingültige drei Erklärungen:

1. *„Ort, Punkt, an dem jemand, etwas steht, sich befindet*
2. *(Militär) Ort, in dem Truppenteile, militärische Dienststellen, Einrichtungen und Anlagen ständig untergebracht sind; Garnison*
3. *(Wirtschaft) geografischer Ort, Raum (z. B. Stadt, Region, Land), wo oder von wo aus eine bestimmte wirtschaftliche Aktivität stattfindet"*

Die ersten beiden Definitionen sind für vorliegende Arbeit nicht zielführend und werden daher nicht weiter vertieft. Hilfreich ist jedoch die dritte Definition, die den Standort bereits aus einer ökonomischen Sichtweise betrachtet und beschreibt. Recherchiert man nun den Begriff in einschlägiger Fachliteratur zum Thema, so findet der Terminus eine Konkretisierung. In der Raumwirtschaftslehre wird der Wirtschaftsstandort beispielsweise insgesamt als ein Ort wirtschaftlicher Aktivität beschreibt (Bathelt & Glückler 2012: 78; Kulke 2008: 17). Auch die Definition von Eckey (2008: 15) definiert den (Wirtschafts-)Standort wie folgt: *„Als Standort bezeichnet man in der Regionalökonomie eine vom Menschen für bestimmte Nutzungen, insbesondere die Produktion von Gütern und Dienstleistungen ausgewählten Raumpunkt."* Ein Standort ist demnach ein aus einer Vielzahl an Eigenschaften zusammengesetztes Konstrukt (Balderjahn 2000: 40). Darüber hinaus macht Schurrenberger (2000: 11) darauf aufmerksam, dass sich *„soziales Geschehen"* – wie z.B. soziale Interaktionen aufgrund privater/geschäftlicher Beweggründe – nicht im *„luftleeren Raum"* vollziehen, sondern immer auch in Raum und Zeit eingebettet sind. Diese Parameter haben zwar keine zwingend deterministische Wirkung, können aber vorstrukturierend wirken und somit von Bedeutung sein. Des Weiteren präzisiert Schurrenberger (2000: 14f.) sechs Agglomerationsebenen für einen Wirtschaftsstandort:

1. Intrakommunale Standorte (…)
2. Kommunen und Städte (…)
3. Subregionen (…)
4. Regionen (…)
5. Staaten (…)

---

[1] Für eine detailliertere Darstellung siehe Pongratz & Vogelsang (2016): 9f.

6. Zusammenschlüsse verschiedener Staaten

Deutlich werden hierbei bereits die verschiedenen räumlichen Maßstabsebenen, wodurch der Standortbegriff immer auch in Rückbezug zu einer räumlichen Interpretation zu verstehen sein sollte (Bathelt & Glückler 2012). So wird z.B. der Begriff ‚Standort Deutschland' vermehrt im globalen Kontext erwähnt.

Unabhängig von der jeweiligen Ebene, sind vor allem auch die bestehenden Wechselbeziehungen zwischen den kommunalen Einrichtungen und den Unternehmen für einen Standort von Bedeutung. Hervorzuheben sind insbesondere die aus ökonomischen Aktivitäten resultierenden räumlichen und organisatorischen Verflechtungen, die den Standort bedeutend prägen und ggf. ein gewisses Veränderungspotential generieren (Kulke 2008: 33).

Alles in allem zeigen die verschiedenen Definitionen und Perspektiven, dass es nicht den ‚einen' Wirtschaftsstandort gibt, sondern vielmehr eine Fülle von Begrifflichkeiten besteht – je nach perspektivischer Ausrichtung. Im Rahmen dieser Arbeit wird der (Wirtschafts-)Standort daher im Kontext regionaler Gebietskörperschaften verwendet um passenderweise regionale Interaktionen – wie die Rolle kommunaler Wirtschaftsförderungen im Standortwettbewerb – gezielt betrachten zu können.

2.2 Standortfaktoren

Standortfaktoren spielen sehr häufig eine bedeutende Rolle in der Ansiedlung neuer Unternehmen bzw. der endgültigen Entscheidung eines Unternehmens für oder gegen einen Standort. Standortfaktoren sind demnach als Vorteil für eine wirtschaftliche Aktivität zu definieren, die an gewisse Orte gebunden sind (Braun & Schulz 2012: 66). So sieht Eckey (2008: 15) *„Standortfaktoren (…) [als] jene ökonomischen Größen, die die Standortwahl beeinflussen und bestimmen."* Historisch betrachtet, veränderte sich die Standortwahl sehr stark. Erstmals deutlich spürbar war dies im Zuge der Industrialisierung; bestimmte Standorte mit Rohstoffvorkommen wurden zunehmend bedeutender, sodass sich im Laufe der Zeit hier erste Ballungsräume bildeten. Durch die voranschreitende Ausdifferenzierung der Unternehmen änderten sich auch die jeweiligen Bedürfnisse und als Folge auch die Standorteigenschaften (Grabow et al. 1995: 73).

Für Haggett & Hartmann (1991: 526) sind Standortfaktoren in der wirtschaftsgeographischen Standorttheorie daher seit der Beschreibung der Thünenschen Ringe als maßgebliche Rahmenbedingung für sämtliche ökonomische Unternehmungen zu verstehen. Auch die Standorttheorie nach Weber beschäftigt sich mit den ‚Standortsfaktoren', wobei hier vor allem – quantitativen Aspekten zugrundeliegend (Bathelt & Glückler 2012: 149) – Transportkosten, Arbeitskosten und Kostenvorteile durch Agglomeration hervorgehoben werden. Die

Standortwahl eines Unternehmens fällt folglich auf den Standort mit der günstigsten Kombination dieser drei Merkmale (Weber 1909: 16 nach Kulke 2008: 35).

Gegenwärtig sind eine Vielzahl an Merkmalen bzw. Faktoren hinzugekommen, die in der gängigen Literatur unterschiedlich ausdifferenziert und kategorisiert werden; zumeist wird in harte und weiche Standortfaktoren differenziert (Abbildung 1):

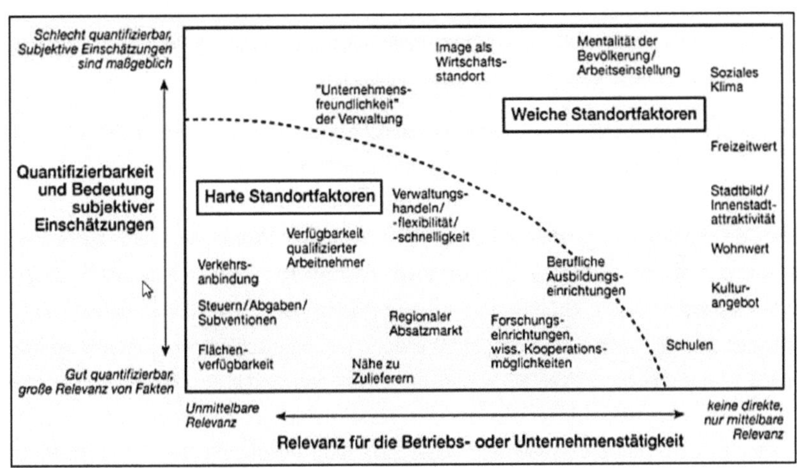

Abbildung 1: Harte und weiche Standortfaktoren (Grabow et al. 1995: 65)

Wie zu sehen, werden zu den harten Standortfaktoren alle quantifizierbaren Eigenschaften eines Standortes gezählt. Insbesondere jegliche Kosten und das Angebot an qualifizierten Arbeitnehmern sowie logistische Gegebenheiten fallen hierunter. Zu den weichen Standortfaktoren werden alle schwer messbaren und subjektiv wahrgenommenen Einflüsse gezählt. Hierzu gehören laut Bathelt & Glückler (2012: 174) z.B. „Lebens- und Umweltbedingungen, business climate, Standortimage, regionales Milieu und politisches Klima." Die Kategorisierung in harte und weiche Standortfaktoren wird vor allem deswegen betrieben, da den weichen Faktoren seit den 1980er Jahren ein signifikanter Bedeutungszuwachs zugewiesen wird und zudem klar geworden ist, dass die harten Standortfaktoren an den meisten Standorten gleichermaßen gut vorhanden sind (Göbel 2012: 24f.). Überdies resultiert der Sinneswandel vor allem aus der „Erkenntnis, dass unternehmerische und private Entscheidungen – in diesem Fall die Standort- oder Wohnortwahl – von vielen Faktoren beeinflusst sind, die nur zum Teil messbar, in jedem Fall aber stark subjektiv oder irrational sind" (Grabow 2005: 37). Demnach kann es auch sein, dass gewisse Mängel in harten Standortfaktoren – insbesondere im Zuge des Ausbaus, der Schrumpfung oder Verlagerung von Bestandsunternehmen – zum Teil durch weiche Standortfaktoren kompensiert werden können (Göbel 2012: 25). So ist es aus

Unternehmenssicht auch ein Vorteil, wenn ein Standort einen hochwertigen Wohnwert und ein Kulturangebot bietet, weil es hierdurch einfacher ist, qualifiziertes Personal zu gewinnen (Bathelt & Glückler 2012: 174). Dass bereits verwandte und unterstützende Branchen – u.a. in Form von leistungsfähigen Zulieferern und Dienstleistern – am Standort vorzufinden sind, ist ein weiterer standortimmanenter Vorteil, der für Braun & Schulz (2012: 157) sowohl weiche als auch harte Standortfaktoren beinhaltet. Resultat dieses Vorteils wäre eine wechselseitige Befruchtungen sowie die Nutzung von Synergien mit benachbarten Wirtschaftszweigen, wie z.B. in Forschung und Entwicklung, Betriebsorganisation oder Logistik.

Trotz der anfänglich positiv konnotierten Darstellung – bei Haggett & Hartmann 1991 oder Grabow et al. 1995 – wird die traditionelle Standortlehre in der jüngeren Wirtschaftsgeographie zunehmend kritisch betrachtet, da keine aktiven Gestaltungsmöglichkeiten beachtet und zudem die Kontext prägenden Einflüsse wirtschaftlicher Aktivitäten nicht ausreichend berücksichtigt werden (Bathelt & Glückler 2012: 162). Hierzu zählen für Bathelt & Glückler (2012: 162) insbesondere Gründungen aus der Region oder Expansionen bereits vor Ort ansässiger Unternehmen, da diese im Wesentlichen unterschiedliche Verhaltensweisen ökonomischer und sozialer Natur aufweisen. Insgesamt zeigt sich in der Literatur die generelle Beobachtung, dass die Standortfaktoren je nach Rahmenbedingungen unterschiedlich gewichtet werden (Sedlacek 1994: 32; Göbel 2012: 23). Pongratz & Vogelsang (2016: 34) gehen daher soweit zu sagen, dass die Bedeutung einzelner Standortfaktoren für den jeweiligen Wirtschaftserfolg dieses Standortes weniger statisch, sondern eher fluide sind. Auch Braun & Schulz (2012: 67) veranschaulichen, dass der Standortfaktorenlehre trotz der großen Beliebtheit im Standortmarketing in der gegenwärtigen wissenschaftlichen Wirtschaftsgeographie nur noch eine untergeordnete Rolle zuteilwird.

Nichtsdestotrotz wird für vorliegende Arbeit eine Betrachtung auf Grundlage der Standortfaktoren als sinnvoll erachtet, da so der regionale Kontext sehr gut in den Fokus gerückt und die Betrachtungsebene auf die lokalen Akteure – wie Wirtschaftsförderung und Unternehmen – gelenkt wird. Zudem sind die Standortfaktoren, obgleich ihrer im wissenschaftlichen Kontext untergeordneten Rolle, gemäß Braun & Schulz (2012: 67) alles andere als irrelevant. In bestimmten Stadien des Entscheidungsprozesses kann ein einziger Faktor ausschlaggebend sein (z.B. Arbeitskosten bei der Betriebsverlagerung o.ä.). In der gängigen Literatur wird außerdem auch erwähnt, dass es für Unternehmen zwar enorm wichtig ist, sich überlegt und strukturiert mit der Standortwahl auseinanderzusetzen, es aber auch unwahrscheinlich ist, wirklich den ‚optimalen Standort‘ zu finden. Vielmehr geht es um das Auffinden eines Standortes, der in Relation zu anderen in Fragen kommenden Standorten, einen möglichst geeigneten Charakter aufweist (Pongratz & Vogelsang 2016: 25).

3 Die Rolle kommunaler Wirtschaftsförderungen im Standortwettbewerb

Nachdem das zweite Kapitel die theoretischen Ansätze zur Erklärung der Standortwahl von Unternehmen im Standortwettbewerb behandelt hat, befasst sich Kapitel 3 explizit mit der Rolle kommunaler Wirtschaftsförderungen im Standortwettbewerb. Das Kapitel beginnt mit einer Darlegung des in der Literatur nicht eindeutig definierten Begriffs ‚kommunale Wirtschaftsförderung' und den rechtlichen Rahmenbedingungen, denen sich kommunale Wirtschaftsförderungen unterordnen müssen. Hierdurch ergibt sich ein ganzheitlicher Blick auf das Konstrukt ‚kommunale Wirtschaftsförderung' und ihrer Rolle im Standortwettbewerb. Anschließend stehen die grundlegenden Zielen und Strategien im Vordergrund, denen sich kommunale Wirtschaftsförderungen verpflichtet fühlen. Auf diese Weise wird ein Einblick in die Tätigkeitshorizonte und Arbeitsfelder kommunaler Wirtschaftsförderungen gegeben. Abgeschlossen wird das 3. Kapitel mit den möglichen Herausforderungen, die sich für eine kommunale Wirtschaftsförderung im Standortwettbewerb ergeben.

3.1 Kommunale Wirtschaftsförderung und ihre Rolle im Standortwettbewerb

Die kommunale Wirtschaftsförderung ist nach Kulke (2008: 19) ein Instrument der Standortgestaltung, das zu den freiwilligen Aufgaben einer kommunalen Gebietskörperschaft gehört und im Rahmen kommunaler Wirtschaftspolitik durch kommunale Gebietskörperschaften eingerichtet und betrieben wird (Dallmann & Richter 2012: 27f.). Eine allgemeingültige Definition zu finden, gestaltet sich aufgrund unterschiedlicher kommunaler Interpretationen und einer konstitutiv, diffusen Charakteristik schwierig. Haug (2004: 43) und van der Beek (2008: 299) nennen hierfür die unterschiedliche Ausrichtung der Wirtschaftsförderungsgesellschaften als Mittelstandsförderung, Gewerbeförderung oder auch Industrieförderung als ausschlaggebenden Grund. Für Göbel (2012: 16) ist in der Literatur demzufolge lediglich eine Vielzahl an unterschiedlichen Charakterisierungen der kommunalen Wirtschaftsförderung zu finden.

Unabhängig von der jeweiligen Ausprägung bzw. Definitionsform einer kommunalen Wirtschaftsförderung, sollte diese aber immer Träger der Standortcharakteristik sein; d.h. von einer guten kommunalen Wirtschaftsförderung wird das Know-how über die aktuellsten Standortprofile und Kenntnisse über den regionalen Status Quo erwartet (Pongratz & Vogelsang 2016: 34). Insbesondere da sie nach Reschl et al. (2003: 9) dem Bereich der Daseinsvorsorge eines Standortes zugerechnet wird. Konkret ist aus diesem Grund als Annäherung an die Aufgaben einer kommunalen Wirtschaftsförderung z.B. zu finden, dass diese versucht *„mittels direkter und indirekter Steuerungsinstrumente strategisch und zielorientiert zum Wohle der Kommune und ihrer Bewohner in die wirtschaftsräumliche Entwicklung steuernd einzugreifen"* (Karutz 1993 zit. n. Reschl et al. 2003: 10).

Die wenigen rechtlichen Grenzen kommunaler Wirtschaftsförderung ergeben sich nach Dallmann & Richter (2012: 29-33) aus folgenden normativen Grundlagen:

- Europarecht: Verbot der Zuwiderhandlung der EU-Regionalpolitik und der Regionalförderung, Verbot der Wettbewerbsverzerrung durch öffentliche Mittel
- Grundgesetz: Vorbehalt des Gesetzes (Art. 2), Gleichbehandlungsgrundsatz (Art. 3), Grundsatz des bundestreuen Verhaltens (Art. 37)
- Einschränkungen durch Kompetenzen anderer Verwaltungsträger wie Bund, Länder und andere Kommunen zum Beispiel durch das Raumordnungsgesetz oder bei der Bauleitplanung
- Einschränkungen durch einfachgesetzliche Grenzen, zum Beispiel durch die jeweiligen Gemeindeordnungen (Gebot der sparsamen und wirtschaftlichen Haushaltsführung)
- kommunalrechtliche Grenzen bei der Vermögensbewirtschaftung, zum Beispiel im Bereich der Liegenschaften.

Durch die o.g. rechtlichen Rahmenbedingungen ergibt sich auch nicht direkt ein konkretes Betreibermodell, sondern der Kommune bzw. Gebietskörperschaft wird eine relativ große Freiheit in ihrer Gestaltung zugesprochen. Daraus resultiert auch die zuvor bereits angesprochene Uneinigkeit bzgl. einer allgemeingültigen Definition für kommunale Wirtschaftsförderung. Folgende Optionen sind als Betreibermodell in der Literatur als die gängigsten Modelle zu finden: Die Aufgaben der Wirtschaftsförderung werden von anderen Ämtern/Abteilungen erledigt (z.B. Liegenschaften, Stadtplanung/-entwicklung, Hauptamt), sie erhält eigenständige Strukturen (Amt/Referat/Stabsstelle) oder sie wird in einer privatrechtlich organisierten Gesellschaft geführt oder in Doppelstrukturen aus Amt und privatrechtlicher Organisation betrieben (Haug 2004: 65f.). Darüber hinaus sind auch noch andere private Organisationsformen wie Vereine, Aktiengesellschaften oder Stiftungen und auch öffentlich-rechtliche Organisationsformen denkbar (Haug 2004: 66ff.).

Alles in allem lässt sich sowohl mittels zuvor genannter Daten über die Betreiberform als auch anhand der Literatur diesbezüglich nach wie vor festhalten, dass es keine zwingend vorteilhafte Rechtsform für den Betrieb einer kommunalen Wirtschaftsförderung gibt (Göbel 2012: 18). Dies liegt auch an verschiedenen Vor- und Nachteilen der unterschiedlichen Betreibermodelle, auf die an dieser Stelle allerdings wegen des Umfangs vorliegender Arbeit und der geringen Relevanz für die zu klärende Ausgangsfrage nicht detaillierter eingegangen wird. Verbucht werden kann auf jeden Fall, dass es in der Literatur nach wie vor umstritten bleibt, welches Betreibermodell die ausgewogensten Strukturen zur Erfüllung der kommunalen Aufgaben bereithält.

Bisherige Umfrageergebnisse des Deutschen Instituts für Urbanistik (DIFU) in Städten mit mehr als 50.000 Einwohnern, denen sich Hollbach-Grömig & Floeting (2008: 3) widmen, zeigen ebenfalls ein gemischtes Bild der Organisationsform kommunaler Wirtschaftsförderungen (Abbildung 2):

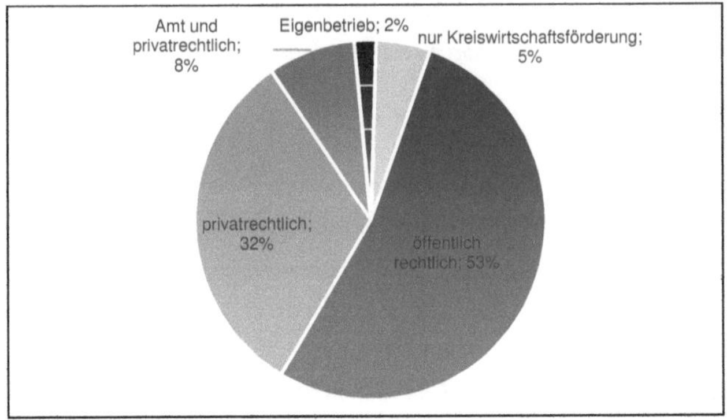

Abbildung 2: Organisation der kommunalen Wirtschaftsförderung [2008] (eigene Darstellung nach Zwicker-Schwarm 2013: 4)

Aus einer ähnlichen DIFU-Umfrage von 2012 ergibt sich zudem, dass die Themenfelder kommunaler Wirtschaftsförderungen in den Bereichen Vermittlung von Gewerbe- und Industrieflächen, dem Standortmarketing, der Entwicklung von Gewerbe- und Industrieflächen, der Einzelhandelsentwicklung, dem Fachkräftemangel, der Verbesserung der wirtschaftsnahen Infrastruktur und der Fördermittelberatung liegen (Zwicker-Schwarm 2013: 10). Darüber hinaus beschäftigt sich die kommunale Wirtschaftsförderung aber auch mit anderen Aufgabenfeldern, die allesamt in Abbildung 3 dargestellt sind. Diese umfassen verschiedene Bereiche des öffentlich-rechtlichen Bereichs.

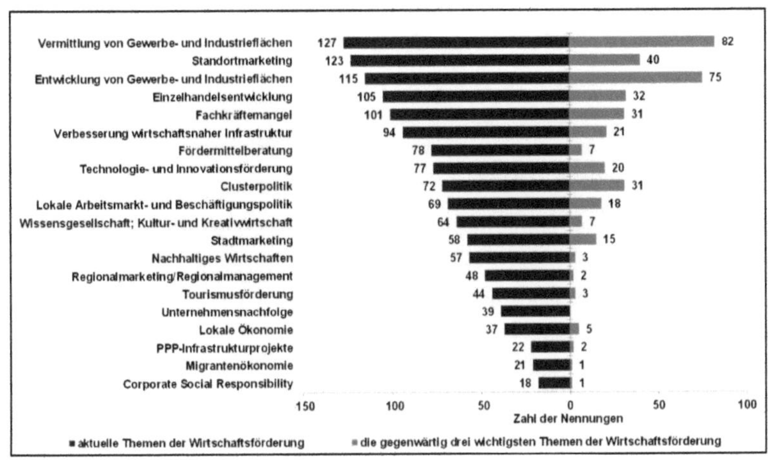

Abbildung 3: Themenfelder der kommunalen Wirtschaftsförderung [2012] (Zwicker-Schwarm 2013: 10)

Insgesamt versucht eine kommunale Wirtschaftsförderung im Standortwettbewerb folglich den eigenen Standort so zu optimieren, dass dieser mit anderen Standorten konkurrieren und sich

9

selbst als optimalen Unternehmensstandort positionieren kann. Hierdurch werden hochwertige Arbeitskräfte sowie Unternehmen für sich gewonnen und Innovationen gefördert. Dies mündet in *„Neuerungen [, die] zu wirtschaftlichen Erfolgen und zu Nachhaltigkeit in einer Region [führen und] damit mittel- bis langfristig zu Beschäftigung und Einkommen"*(Koschatzky 2003: 83).

3.2 Ziele und Strategien im Standortwettbewerb

Allgemein hat eine kommunale Wirtschaftsförderung das Ziel ihren Standort durch verschiedene Maßnahmen attraktiv zu gestalten und ihn somit innerhalb des Standortwettbewerbs zu profilieren. Zu den übergeordneten Zielen zählen vor allem Wirtschaftswachstum, Innovationen, Wohlstand und Schaffung eines attraktiven Arbeits- und Investitionsstandort. Dietrich et al. (1998: 11) sehen daher die Ansiedlung neuer Unternehmen als primäre Aufgabe der Wirtschaftsförderung, sodass eine gewisse Steigerung der Beschäftigtenzahl mit genereller Arbeitsplatzsicherheit zum Wohlstand der Region beitragen. Wie in Kapitel 3.1 gezeigt, bestehen jedoch auch noch ganz andere Aufgabenfelder, die in der kommunalen Wirtschaftsförderung erledigt werden. Traditionell und unabhängig ihrer Größe und des rechtlichen Betreibermodells lässt sich der Hauptnutzen bzw. das Hauptziel einer kommunalen Wirtschaftsförderung in der Steigerung des Gemeinwohls zur Maximierung der gesellschaftlichen Wohlfahrt ableiten (Blume 2003: 100). Daher ist der Wirtschaftsförderung grundsätzlich kein Themenfeld fremd; sie widmet sich allen Herausforderungen an die kommunalen Standortbedingungen, die auch die Kommune im Ganzen betreffen. Bei Haug (2004: 47ff.) lassen sich dem Hauptnutzen dienend folgende drei Bestrebungen einer Wirtschaftsförderung erkennen, die miteinander in Verbindung stehen und nicht als separate und voneinander unabhängige Ziele anzusehen sind:

- Sicherung bestehender und Schaffung neuer Arbeitsplätze
- Sicherung und Verbesserung der Wirtschafts- und Finanzkraft der Kommune
- Verbesserung der Wirtschaftsstruktur

Hieraus können zwei Kernpunkte abgeleitet werden: Zum einen die Neuansiedlung von Unternehmen sowie zum anderen die Bestandspflege bestehender Unternehmen (Icks & Richter 2002: 89f.). Dem ersten Aspekt wird allerdings aufgrund des sinkenden Potentials zur Neuansiedlung immer weniger Aufmerksamkeit zuteil, während letzterer Aspekt zunehmend an Bedeutung gewinnt. Wie Blume (2003: 102ff.) und Haug (2004: 51f.) bemerken, liegt das gegenwärtige Hauptaugenmerk kommunaler Wirtschaftsförderungen mittlerweile nahezu ausschließlich auf der Bestandspflege und der Ergänzung dieser durch Existenzförderungsmaßnahmen. Eine 2014 durchgeführte Befragung von kommunalen Wirtschaftsförderungen in Deutschland zeigt, dass die wichtigsten Themen aus ihrer Sicht folgende vier Bereiche umfassen: *„Die Sicherung von Arbeitsplätzen bzw. die Schaffung neuer*

Arbeitsplätze, die Entwicklung einer zukunftsträchtigen Wirtschaftsstruktur, die Verbesserung des Images des Wirtschaftsstandorts sowie die Schaffung eines wachstumsfreundlichen Klimas" (Lempp et al. 2015: 10f.). Um diese Ziele zu erreichen, bedienen sich kommunale Wirtschaftsförderungen bestimmter Strategien und Maßnahmen, für die sich – bezogen auf die Instrumente zur Umsetzung – in der Literatur folgende Einteilung verfestigt hat (Steinrücken 2011: 137ff.):

- fiskalische und nicht fiskalische Instrumente
- exogene und endogene Instrumente
- nachfrage- und angebotsseitig wirkende Instrumente

Dieser Einteilung folgend und auf den Erkenntnissen aus Kapitel 3.1 aufbauend, ergeben sich diverse beispielhafte Instrumente mit Hilfe derer die kommunalen Wirtschaftsförderungen ihrer Arbeit nachgehen. Hierzu gehören für Göbel (2012: 21) u.a. Gewerbeflächenpolitik, Steuer- und Entgeltpolitik/Finanzhilfen, Informationserteilung und Beratungsleistungen, Förderung von Standortgemeinschaften durch Technologie- und Gründerzentren oder Gewerbe- und Forschungsparks, Auftragsvergabe an lokale Unternehmen, Standortwerbung im Rahmen eines Standort-/Regional-/Stadtmarketings sowie lokale Arbeitsmarktstrategien etc. Kulke (2008: 48) kategorisiert die Instrumente in absteigender Reihenfolge wie folgt:

1. Gewerbeflächenvermittlung
2. Beratung
3. Gewerbeflächenentwicklung
4. Infrastrukturverbesserung
5. Technologie- und Innovationsförderung
6. Marketing
7. Beschäftigungsförderung
8. Einzelhandelsförderung
9. finanz-, steuer- und abgabenpolitische Instrumente

Insgesamt zeigen sowohl die Arbeiten von Göbel (2012) als auch von Kulke (2008) die große Vielfalt an Instrumenten, die den Wirtschaftsförderungen zur Verfügung stehen und wodurch sie ihren jeweiligen Standort im Standortwettbewerb profilieren können. Auch wenn die Auflistungen nur eine Art Kompetenzportfolie darstellen und sicherlich nicht allgemeingültig für das Vermögen aller kommunalen Wirtschaftsförderungen stehen, zeigen sie doch bereits an dieser Stelle sehr gut, dass kommunale Gebietskörperschaften durch gezielte Maßnahmen und affirmative Präsentation ihrer harten wie weichen Standortfaktoren die Entscheidungen von Unternehmen positiv beeinflussen können.

Ebenso gibt es jedoch auch eine Reihe von Herausforderungen für kommunale Wirtschaftsförderungen, auf die im nun anschließenden Kapitel 3.3 genauer eingegangen wird.

3.3 Herausforderungen im Standortwettbewerb

Im Allgemeinen stehen kommunale Wirtschaftsförderungen bei ihrer alltäglichen Arbeit einer Reihe von sich stetig wandelnden Herausforderungen gegenüber. Um welche Herausforderungen es sich im Detail handelt, ist Inhalt des folgenden Kapitels.

Laut Mäding (2012: 108) sind die drei wichtigsten Herausforderungen für kommunale Wirtschaftsförderungen und ihre Regionen im Standortwettbewerb folgende:

1. Globalisierung und ihre Folgen
2. Demographischer Wandel und seine Folgen
3. Klimawandel und seine Folgen

Bereits in Kapitel 3.2 und auch anhand der o.g. drei großen Bereiche, mit denen sich Wirtschaftsförderungen im Alltag auseinandersetzen müssen, zeigt sich, dass der Wirtschaftsförderung grundsätzlich kein Themenfeld fremd ist; sie widmet sich allen Herausforderungen an die kommunalen Standortbedingungen, die auch die Kommune im Ganzen betreffen. Dabei geht die Arbeit kommunaler Wirtschaftsförderung heutzutage – auch die vorherigen Ausführungen von Kulke (2008) und Göbel (2012) übertreffend – weit über die reine Flächenvermarktung von Gewerbeflächen bzw. die Bereitstellung eben solcher hinaus. Vielmehr liegt die Herausforderung für Wirtschaftsförderungen darin, ganzheitlich zu denken und allumfassend zu agieren. Hierzu gehören für Fuchs & Hansen (2013: 2f.) z.B. auch die Bindung der – oftmals international tätigen – Unternehmen an den Standort, indem durch eine Zusammenarbeit zwischen Wirtschaftsförderung und der öffentlichen Verwaltung die jeweiligen Vorzüge des Standortes hinsichtlich der Fachkräftebasis, dem Know-how sowie der Vernetzung mit Wissen und Prozessen herausgestellt werden. Dies greift die in Kapitel 3.2 bereits als derzeit wichtigste Aufgabe erachtete Bestandspflege abermals auf und betont erneut, wie wichtig die interkommunale Zusammenarbeit – auch als Maßnahme im Zuge der Globalisierung – aktuell ist und auch in Zukunft sein wird (Lempp et al. 2015: 9f.). Durch die Globalisierung ergibt sich eine starke Zunahme von internationalen Wirtschaftsbeziehungen. Vor allem stark gesunkene Transportkosten haben im Zuge dessen Auswirkungen auf den Wettbewerb von Standorten; so ist die Produktion nicht mehr von der Nähe zu den Rohstoffen abhängig, sondern andere Faktoren – wie z.B. das Arbeitskräftepotential – werden immer wichtiger (Eickhof 2003: 369). Speziell für deutsche Regionen stellt dies eine große Herausforderung dar. Daher ist auch die Schaffung und Pflege wirtschaftsnaher Infrastruktur eine Daueraufgabe, die ebenso wie die Vernetzung und dem Austausch der verschiedenen kommunalen Wirtschaftsförderungen untereinander von enormer Bedeutung ist. In der Literatur ist immer auch von einem ‚innovationsfördernden Klima‘ zu lesen, welches als wünschenswert erachtet wird (Mäding 2012: 105). Dies wird insbesondere durch die Vernetzung von Ausbildung, Entwicklung und Forschung geschaffen; gemeint ist hiermit die Vernetzung mit Hochschulen und anderen wichtigen Akteuren in der Region. Über die

Vernetzung hinaus schafft eine kommunale Wirtschaftsförderung auch Raum für Innovationen durch Bereitstellung oder Vermittlung von Immobilien (Fuchs & Hansen (2013: 4). Wie bereits an anderer Stelle erwähnt, ist es überdies von enormer Bedeutung für kommunale Wirtschaftsförderungen, die Bekanntheit und Attraktivität ihres Standortes zu steigern (Lempp et al. 2015: 9f.). Darüber hinaus zeigt sich im Rahmen der aus Kapitel 3.2 bereits bekannten Umfrage unter den kommunalen Wirtschaftsförderungen Deutschlands, dass sich der größte Handlungsbedarf bei der personellen Ausstattung sowie den finanziellen Budgets der Wirtschaftsförderungen ergibt (Lempp et al. 2015: 17).

4 Beispiel: Standortwahl BMW Group Leipzig-Plaußig

In diesem Teil der vorliegenden Arbeit wird sich, nachdem die theoretischen Ansätze in vorherigen Kapiteln dargelegt wurden, mit der Vorgehensweise und den Basisanforderungen an den neuen Werksstandort der BMW Group beschäftigt. Allgemein lässt sich an dieser Stelle bereits festhalten, dass industrielle Ansiedlungen – wie der Neubau eines Automobilwerkes – äußerst selten sind und aufgrund der hohen Zahl von Arbeitsplätzen, die mit einer solchen Investition geschaffen werden, weltweite Beachtung finden. Der erste Teil dieses Kapitels beleuchtet zum einen den zeitlichen Ablauf des Standortfindungsprozesses sowie die Basisanforderungen, die die BMW Group an den neuen Standort stellt. Im zweiten Teil wird gesondert auf die endgültige Standortwahl eingegangen. Die Standortfindung und alle daran beteiligten Akteure sollten dabei nicht als Einzelfall betrachtet werden, sondern die Erkenntnisse ermöglichen sicherlich eine Übertragbarkeit auf die generellen Verhaltensweisen der einzelnen Akteure innerhalb des Standortwettbewerbs.

4.1 Standortkriterien

Bei der Suche des geeignetsten Standortes hat die BMW Group ohne fremde Hilfe – z.B. durch Anfragen bei kommunalen Wirtschaftsförderungen – über folgende Pressemitteilung interessierte Gemeinden indirekt dazu aufgerufen, geeignete Standorte anzubieten:

„BMW wird bis zum Jahr 2004 eine völlig neue Modellreihe im oberen Bereich der unteren Mittelklasse auf den Markt bringen. [...] Die BMW Group hat entschieden, die Produktion für die neue Modellreihe im Werk Regensburg anlaufen zu lassen. Die vorhandenen Kapazitäten innerhalb des BMW Werkverbundes reichen für das zusätzliche Produktionsvolumen der neuen Modellreihe jedoch nicht aus. BMW beabsichtigt daher, ein komplett neues Werk zu errichten." (BMW Group 2000a).

Auf diese Pressemitteilung haben sich über 250 Standorte in ganz Europa bei der BMW Group beworben, wovon allerdings durch verschiedene Vorauswahlen lediglich 13 in die engere

Auswahl gekommen sind und für die daraufhin Machbarkeitsstudien – für folgende fünf Bereiche – angefertigt wurden (Kampermann 2002: 49):

- Erwerbbarkeit, Kaufpreis und Baurecht
- Erschließung und Bebaubarkeit
- Umweltverträglichkeit
- Personalverfügbarkeit
- Fördermittel, Steuern und Zölle

Anhand dieser Machbarkeitsstudien ergründete die BMW Group fünf am besten geeignete Standorte für die Errichtung einer Produktionsstätte. Hierzu gehörten: Arras (Frankreich), Collin (Tschechien) und mit Augsburg, Leipzig-Plaußig und Schwerin drei deutsche Standorte. Alle diese Standorte erfüllten die zuvor von der BMW Group aufgestellten Basisanforderungen, welche folgende elf Hauptkriterien umfassten:

Tabelle 1: Basisanforderungen für den neuen BMW Werksstandort (Eigene Darstellung nach BMW Group 2000b)

Basisanforderungen für den neuen BMW Werksstandort	
1. Grundstücksgröße	
200 – 250 ha Fläche, vorzugsweise in Form eines gedrungenen Rechteckes	
2. Grundstückstopographie	
Relativ eben und waagerecht, außerhalb von Überschwemmungszonen	
3. Technische Ver- und Entsorgung (Mindestwerte):	
3.1 Stromversorgung:	10kV / 40MW
3.2 Gasversorgung:	6.600 m³/h
3.3 Wasserversorgung:	450 m³/h
3.4 Telekommunikationsversorgung:	2x Primär-Multiplex-Anschlüsse mit je 60 Amtsleitung 12x Glasfaserkabel mit je 34MB/sec
3.5 Entsorgung Schmutzwasser:	250 m³/h
3.6 Entsorgbarkeit Regenwasser:	Entsprechend der örtlichen Regenspende
3.7 Müllentsorgung:	
3.7.1 Feststoffe	2.000 t/Jahr
3.7.2 Schlämme und Fette	1.500t /Jahr
3.7.3 Verdünner	95 t/Jahr
4. Verkehrserschließung	
Gleisanschluss am Grundstück mit Bahnhof in der Nähe. Autobahnanschluss möglichst innerhalb 5km, kompensierbar durch entsprechend leistungsfähigen Autobahnzubringer	
5. Umgebungsbebauung	
5.1 nächste Wonbebauung mindestens 800 m entfernt	
5.2. Keine Anlagen, die Rauch, Staub, Schmutz o.ä. über die Luft emittieren (z.B. Zementwerk)	

5.3. Keine Anlagen mit Katastrophenpotential (z.B. Munitions- oder Sprengstofflager)
6. Flughafen   Maximal eine Autostunde entfernt
7. Grundstücksgeologie, Bebauungserschwernisse: Tragfähigkeit für Industriebaufundierung. Höchster Grundwasserspiegel unterhalb der Gründungsebene. Keine unterirdischen Aushöhlungen. Frei von entsorgungspflichtigen Altlasten. Außerhalb relevanter Erdbebeneinwirkungen. Keine beeinträchtigenden unter- oder oberirdischen Leitungen
8. Baurecht   Herstellbarkeit der Planungssicherheit für den Bau einer Automobilfabrik mit Baubeginn Anfang 2002. Gewünscht: GI mit GRZ = 0,8 und BMZ = 10,0. Zulässige Bauhöhe bis 30m über Gelände.
9.Arbeitskräfte   Ausreichend viele qualifizierte bzw. qualifizierbare Arbeitskräfte im Einzugsbereich
10. Lebensumfeld   Wohnmöglichkeit für Mitarbeiter, Schulen, Kultur- und geeignete Freizeiteinrichtungen in angemessener Entfernung. Gute Erreichbarkeit der nächsten Mittel- bzw. Großstadt. Angemessene medizinische Versorgung.
11. Grunderwerb / Fremde Rechte am Grundstück: Eigentumserwerb von einem Verkäufer

Ergänzend zu diesen Anforderungen suchte die BMW Group gezielt nach einer ‚Grünen Wiese' und keiner Brachfläche o.ä. Restriktiv wirkte sich zudem die Bedingung der BMW Group aus, dass im Umkreis von 50 Kilometern des zukünftigen Standortes kein anderes Produktionswerk eines Fahrzeugherstellers sein sollte um einer Konkurrenzsituation in der Anwerbung von qualifizierten Arbeitskräften aus dem Weg zu gehen (Kampermann 2002: 52). Wie aus Tabelle 1 ferner ersichtlich, umfassen die elf Basisanforderungen nicht ausschließlich nur die in Kapitel 2.2 genannten harten Standortfaktoren, die in der Vergangenheit von enormer Bedeutung waren, sondern ebenso die gegenwärtig immer bedeutender werdenden weichen Standortfaktoren.

Obendrein kann aufgrund der hohen Bewerberzahl an dieser Stelle vermutet werden, dass die BMW Group sich sicher war, mindestens einer der Standorte würde alle ihre Ansprüche erfüllen, sodass nicht davon auszugehen ist, dass – wie Göbel (2012: 25) es beschreibt – etwaige weiche Standortfaktoren das Fehlen bzw. den Mangel eines harten Standortfaktors kompensieren müssten.

4.2 Standortwahl

Am 18. Juli 2001 wurde der Standort Leipzig-Plaußig als neuer Produktionsstandort ausgewählt; dieser konnte sich somit nach nur circa einem Jahr des Standortfindungsprozesses erfolgreich gegen mehr als 250 Konkurrenzstandorte in Europa durchsetzen (FAZ 2001: 1; Tagesspiegel 2001: 1).

Dabei ist die Entscheidung nicht nur aufgrund bestimmter Standortfaktoren und betriebswirtschaftlicher Größen gefallen, sondern der damalige Vorstandsvorsitzende der BMW Group, Prof. Dr.-Ing Joachim Milberg, entschied sich – trotz Standorte mit wünschenswerteren Standortfaktoren bzgl. Grundstückspreisen und Lohnkosten in Tschechien und Ungarn – aus subjektiven Gründen für einen Standort in Deutschland (Kampermann 2002: 48ff.). Leipzig besticht durch seine verkehrsgünstige Lage in Mitteldeutschland und als eine der Kernstädte des Verdichtungsraumes Halle/Leipzig (Abbildung 4).

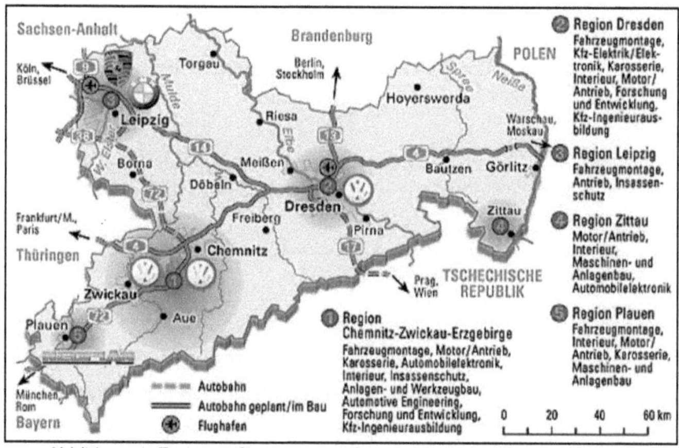

Abbildung 4: Freistaat Sachsen und Standort Leipzig (Pennig 2004: 1)

Das gewählte Gelände in Leipzig-Plaußig erfüllt – mit einer Gesamtfläche von 674 h – alle Anforderungen, die von der BMW Group an den neuen Werksstandort gestellt worden sind. Die Fläche liegt in Sichtweite der Leipziger Messe in der Nähe der Autobahn 14 Dresden-Halle (Kampermann 2002: 69). Eine direkte Autobahnanbindung sind somit ebenso vorhanden wie der – nicht vom Nachtflugverbot betroffene – internationale Flughafen Leipzig/Halle und der Leipziger Hauptbahnhof – seines Zeichens der größte Kopfbahnhof Europas – als infrastrukturelle Standortvorteile (Pennig 2004: 1). Zudem hat die Bundesregierung zugesichert, die Neu- und Ausbaumaßnahmen der Straßeninfrastruktur vorzuziehen und finanziell zu unterstützen (MDR 2002 zit. n. Kampermann 2002: 70). Ein weiterer Vorteil, der für den Standort Leipzig-Plaußig sprach, war die finanzielle Förderung in Form von verdeckten sowie indirekten Beihilfen durch Bundesregierung und den Freistaat Sachsen.

16

Hinzugekommen sind auch noch andere finanzielle Vorzüge, die vor allem im Rahmen der EU-Beihilferegelungen zur Verbesserung der betriebswirtschaftlichen Ausgangslage dienten (FAZ 2005: 1). Nicht zu vergessen ist hierbei auch der stark vergünstigte Grundstückspreis der Gewerbefläche in Leipzig-Plaußig. Laut Recherchen von Kampermann (2002: 73) lag der Quadratmeterpreis bei 13,19 Euro und somit stark unter den in Leipzig üblichen Quadratmeterpreisen für Gewerbeflächen von 30 bis 50 Euro.

5 Zusammenfassung

Ziel der Arbeit war es, aufzuzeigen, in welcher Form Zusammenhänge zwischen kommunalen Wirtschaftsförderungen und Standortentscheidungen von Unternehmen bestehen können und ob eine Beeinflussung der Unternehmen durch kommunale Wirtschaftsförderungen möglich ist. Nachfolgend werden nun die wesentlichen erkenntnisorientierten Aussagen zusammengefasst.

Alles in allem lässt sich festhalten, dass der Standortwettbewerb in einer zunehmend globalisierten Welt stetig zunimmt und jegliche bundesweite Standorte sowie ihre jeweilige kommunale Wirtschaftsförderung dabei nicht nur untereinander, sondern auch mit Standorten in ganz Europa und weltweit konkurrieren. Die Bedeutung der Qualität kommunaler Standortfaktoren – sowohl harter als auch weicher Faktoren – steigt als Folge des wirtschaftlichen Wandels und der voranschreitenden Globalisierung deutlich an. Die Kernaufgabe aller kommunalen Wirtschaftsförderungen liegt indes darin, die positive Entwicklung der regionalen Wirtschaft zu unterstützen. Dazu bedarf es kommunalen Wirtschaftsförderungen, die nicht statisch agieren, sondern sich an Tendenzen und Entwicklungschancen anpassen, Handlungsempfehlungen aussprechen und die Vorzüge des jeweiligen Standortes – vor allem anhand der immanenten Standortfaktoren – vermarkten.

Wie das Beispiel der Standortentscheidung der BMW Group gezeigt hat, ist ein deutscher Standort – trotz der hohen und oftmals kritisierten Lohnkosten – nach wie vor ein attraktiver Unternehmensstandort. Es konnte gezeigt werden, dass die Entscheidung nicht ausschließlich an einzelnen Kriterien bzw. Standortfaktoren festgemacht werden kann, sondern letztlich das attraktive Gesamtpaket bzw. die Kombination aller harten wie auch weichen Standortfaktoren die BMW Group vom Standort Leipzig-Plaußig überzeugten.

Insgesamt lässt sich daraus ableiten, dass ein Standort ganzheitlich überzeugen und somit alle Anforderungen eines Unternehmens erfüllen muss. Hier ist die kommunale Wirtschaftsförderung in ihrer aktiven Rolle als Vermittler der verschiedenen Akteure zunehmend gefordert. So wäre es auch z.B. durchaus sinnvoll, dass durch kontinuierliche Standortanalysen innerhalb des jeweils betreuten Gebietes eine bundesweite Datengrundlage geschaffen und vorgehalten wird. Im Rahmen dessen wird die Zusammenarbeit zwischen den kommunalen Wirtschaftsförderungen immer bedeutender und von essentieller Notwendigkeit. Abschließend ist es daher von größter Bedeutung, dass kommunale Wirtschaftsförderungen einen Mehrwert für jegliche Standorte bieten, indem sie möglichst reibungslos, unauffällig und unterstützend für die Unternehmen bzw. die regionale Wirtschaft im Allgemeinen arbeiten.

Literaturverzeichnis

Balderjahn, I. (2000): Standortmarketing. De Gruyter Oldenbourdg: München.

Bathelt, H. & Glückler, J. (2002): Wirtschaftsgeographie. Ökonomische Beziehungen in räumlicher Perspektive. Stuttgart: Ulmer. 2, korr. Auflage.

Bathelt, H. & Glückler, J. (2012): Wirtschaftsgeographie. Ökonomische Beziehungen in räumlicher Perspektive. Stuttgart: Ulmer. 3. Auflage.

Beek, G. van der (2008): Kommunale Wirtschaftsförderung - Schnittstelle wirtschaftlicher und kommunaler Interessen. In: Dietmar Brodel (Hg.) (2008): Handbuch kommunales Management. Rahmenbedingungen, Aufgabenfelder, Chancen und Herausforderungen. Wien: Orac-Wirtschaftspraxis, 297-310.

Bienert, M. L. (1996): Standortmanagement: Methoden und Konzepte für Handels- und Dienstleistungsunternehmen . Wiesbaden: Gabler.

Blume, L. (2003): Kommunen im Standortwettbewerb. Theoretische Analyse, volkswirtschaftliche Bewertung und empirische Befunde am Beispiel Ostdeutschlands. Baden-Baden: Nomos.

BMW GROUP (Hg.) (2000a): Standortentscheidung für neue BMW Modell-reihe: Kapazitätserweiterung des BMW Werkverbundes notwendig. URL: https://www.press.bmwgroup.com/austria/article/detail/T0033525DE/standortentscheidung-fuer-neue-bmw-modellreihe:-kapazitaetserweiterung-des-bmw-werksverbundes-notwendig?language=de (20.06.2017).

BMW GROUP (Hg.) (2000b): Basisanforderungen für den neuen BMW Werksstandort. Stand 30.08.2000. München

Braun, B. & Schulz, C. (2012): Wirtschaftsgeographie. Stuttgart: UTB Verlag.

Dallmann, B., & Richter, M. (2012): Handbuch der Wirtschaftsförderung. Praxisleitfaden zur kommunalen und regionalen Standortentwicklung . München: Haufe-Lexware GmbH & Co., KG.

Dietrich, V.; Franz, P.; Haschke, I.; Heimphold, G. (1998): Ansiedlungsförderung als Strategie der Regionalpolitik. Theoretische Grundlagen, instrumentelle Möglichkeiten und Grenzen. Baden-Baden: Nomos (=Schriften des Instituts für Wirtschaftsforschung Halle, Bd. 1).

Duden. (2016): Suchbegriff ‚Standort‘. URL: http://www.duden.de/node/689912/revisions/1341254/view (15.06.2017).

Eckey, H.-F. (2008): Regionalökonomie. Wiesbaden: Gabler.

Eickhof, N. (2003): Globalisierung, institutioneller Wettbewerb und nationale Wirtschaftspolitik. Potsdam: Universität Potsdam (=Volkswirtschaftliche Diskussionsbeiträge, Bd. 52).

FAZ (Hg.) (2001): BMW-Standort mit Perspektive: Leipzig. URL: http://www.faz.net/aktuell/wirtschaft/automobile-bmw-standort-mit-perspektive-leipzig-132661.html (29.06.2017).

FAZ (Hg.) (2005): BMW eröffnet ein neues Werk in Leipzig. URL: http://www.faz.net/aktuell/wirtschaft/unternehmen/automobile-bmw-eroeffnet-ein-neues-werk-in-leipzig-1231086.html (29.06.2017).

Fuchs, T. & Hansen, C. (2013): 10 Thesen des DStGB zur kommunalen Wirtschaftsförderung. URL: https://www.dstgb.de/dstgb/Homepage/Schwerpunkte/Wirtschaftsf%C3%B6rderung/Materialien%20un d%20Papiere/DStGB%3A%2010%20Thesen%20zur%20Wirtschaftsf%C3%B6rderung%20(PDF-Dokument)/10%20Thesen%20zur%20wirtschaftsf%C3%B6rderung.pdf (20.07.2017).

Göbel, A. (2012): Verwaltung als Standortfaktor für Unternehmen : eine interdisziplinäre und multiperspektivische Analyse der Standortzufriedenheit von Unternehmen mit kommunalen Verwaltungen und Wirtschaftsförderungen. URL: https://repositorium.uni-osnabrueck.de/handle/urn:nbn:de:gbv:700-2012122110614 (15.06.2017).

Grabow, B.; Henckel, D.; Hollbach-Grömig, B. (1995): Weiche Standortfaktoren. Stuttgart: Kohlhammer.

Grabow, B. (2005): Weiche Standortfaktoren in Theorie und Empirie - ein Überblick. In: Thießen, F.; Cernavin, O.; Führ, M.; Kaltenbach, M. (Hg.) (2005): Weiche Standortfaktoren. Erfolgsfaktoren regionaler Wirtschaftsentwicklung; interdisziplinäre Beiträge zur regionalen Wirtschaftsforschung. Berlin: Duncker & Humblot (=Volkswirtschaftliche Schriften, Bd. 541): 37-52.

Haggett, P. & Hartmann, R. (1991): Geographie. Eine moderne Synthese, Stuttgart: Ulmer. 2. unveränd. Auflage.

Haug, P. (2004): Kommunale Wirtschaftsförderung. Eine theoretische und empirische Analyse. Zugl.: Hamburg, Univ. der Bundeswehr, Diss, 2003, Bd. 97. Kovač, Hamburg.

Hollbach-Grömig, B. & Floeting, H. (2008): Kommunale Wirtschaftsförderung 2008: Strukturen, Handlungsfelder, Perspektiven. In: Deutsches Institut für Urbanistik (Hg.): Difu-Paper. Berlin: Deutsches Institut für Urbanistik.

Icks, A. & Richter, M. (2002): Kommunale Wirtschaftsförderung. Ein innovatives Modell. Wiesbaden: Deutscher Universitäts-Verlag (= Schriften zur Mittelstandsforschung, Bd. 91).

Kampermann, M.-T. (2002): Die Standortentscheidung von BMW für den Neubau eines Automobilwerkes in Leipzig und Konsequenzen für die Gewerbeflächenpolitik des Landes Nordrhein-Westfalen. URL: http://kampermann.net/download/diplomarbeit_gesamt.pdf (25.06.2017).

Koschatzky, K. (Hg.) (2003): Innovative Impulse für die Region - Aktuelle Tendenzen und Entwicklungsstrategien. Stuttgart: Fraunhofer IRB.

Kulke, E. (2008): Wirtschaftsgeographie. Paderborn: Schöningh. 3. Auflage.

Lempp, J.; Beek, van der G.; Korn, T. (Hg.) (2015): Aktuelle Herausforderungen in der Wirtschaftsförderung. Konzepte für eine positive regionale Entwicklung. Wiesbaden: Springer Gabler.

Mäding, H. (2012): Strategische Regionsbildung: ein neuer Ansatz zur Positionierung der Kommunen im Standortwettbewerb. Hannover: Akademie für Raumforschung und Landesplanung - Leibniz-Forum für Raumwissenschaften.

Pennig, L. (2004): Infoblatt BMW - Standort Leipzig. URL: https://www2.klett.de/sixcms/list.php?page=infothek_artikel&extra=TERRA-Online%20/%20Gymnasium&artikel_id=139971&inhalt=klett71prod_1.c.181412.de (19.06.2017).

Pongratz, P.& Vogelsang, M. (2016): Standortmanagement in der Wirtschaftsförderung. Grundlagen für die Praxis. Wiesbaden: Gabler Verlag.

Reschl, R.; Rogg, W.; Besenfelder, S. (2003): Kommunale Wirtschaftsförderung. Standortdialog und Standortentwicklung in Kommunen und Regionen. Sternenfels: Verlag Wissenschaft u. Praxis.

Schnurrenberger, B. (2000): Standortwahl und Standortmarketing. Beeinflussung der Standortwahl internationaler Unternehmen durch professionelles Standortmarketing der Regionen . Berlin: Weißensee Verlag.

Sedlacek, P. (1994): Wirtschaftsgeographie. Eine Einführung, Darmstadt: Wiss. Buchges. 2. Auflage.

Steinrücken, T. (2011): Wirtschaftsförderung & Standortpolitik. Eine Einführung in die Ökonomik unternehmensorientierter Wirtschaftspolitik. Norderstedt: BoD.

Tagesspiegel (2001): BMW - Leipzig siegt im Standortwettbewerb. URL: http://www.tagesspiegel.de/wirtschaft/bmw-leipzig-siegt-im-standortwettbewerb/242282.html (30.06.2017).

Thierstein, A. (1999): Standortmanagement – Alter Wein in neuen Schläuchen oder wie macht man aus einem Gürtel einen Hosenträger? St. Gallen: IDT.

Zwicker-Schwarm, D. (2013): Kommunale Wirtschaftsförderung 2012: Strukturen, Handlungsfelder, Perspektiven. In: Deutsches Institut für Urbanistik (Hg.): Difu-Paper. Berlin: Deutsches Institut für Urbanistik.